Günter Pump
Watt erleben
im Nationalpark Wattenmeer

DEMMLER VERLAG

Günter Pump

Watt erleben

im Nationalpark Wattenmeer

Beim Wattwandern kann dieser Band dabei helfen, das Watt mit ganz neuen Augen zu entdecken. Auf ein Bestimmungsbuch haben wir verzichtet. Autor und Verlag haben nach besten Wissen die Informationen und Bilder erstellt. Die für Artendarstellung eines so weitläufigen Lebensraum, wie es das Wattenmeer, konnte hier nur eine Auswahl getroffen werden.

Eine genaue, zweifelsfreie Artenbestimmung muss ohnehin durch Benutzung der wissenschaftlichen Literatur erfolgen.

Gestaltung und Fotos: Günter Pump, Nordhastedt

Bibliographische Informationen der Deutschen Nationalbibliothek:
Die Deutsche Nationalbibliothek verzeichnet diese Publikation in der Deutschen Nationalbibliographie.
Detaillierte bibliographische Daten sind im Internet abrufbar unter: https://www.dnb.de abrufbar.

1. Auflage 2024
ISBN 978-3-944102-62-7
© 2024 Demmler Verlag GmbH
An der Bäderstraße 7c
18311 Ribnitz-Damgarten
demmler-verlag@vggh.de
Printed in Latvia, Jelgavas Tipogrāfija

Sämtliche Rechte der Speicherung, Nachnutzung sowie Verbreitung vorbehalten.

Inhalt

Nationalparks an der Nordseeküste 7

Das Watt – das „watend begehbare Meer" 9

Im Watt leben – eine besondere Herausforderung 16

Wattenmeer – das Vogelparadies der Nordseeküste 60

Säugetiere vor der Nordseeküste 70

Pflanzen im seichten Küstenwasser 72

Spülsaum am Rande des Watts 78

Salzwiesen am Saum des Wattenmeers 82

Wenn das Watt vom Wasser bedeckt ist 90

Literatur 92

Stichwortverzeichnis 96

Nationalparks an der Nordseeküste

Ein großer Teil der Wattflächen vor der deutschen Nordseeküste steht unter dem Schutz der drei Nationalparks und gehört außerdem zum UNESCO-Weltnaturerbe. Diese Anerkennung würdigt das Bemühen diesen besonderen Lebensraum für unzählige Tiere und Pflanzen auch für spätere Generationen zu erhalten. Die Nationalparks beginnen jeweils 150 m seewärts von Deich und Dünen und dürfen küstennah (etwa 1 km) betreten werden.

Der Nationalpark Schleswig-Holsteinisches Wattenmeer umschließt das Gebiet zwischen der Elbe und der dänischen Grenze im Norden und ist damit der größte Nationalpark Europas. Die Inseln Sylt, Föhr, Amrum, Pellworm und auch die bewohnten Halligen gehören nicht zum Nationalpark und sind von den Bestimmungen des Schutzgebietes ausgenommen. An der westlichen Elbmündung schließt sich der kleine Nationalpark Ham-

burgisches Wattenmeer an. Er wurde erst 1990 gegründet. Das Schutzgebiet grenzt an das Elbe-Fahrwasser und an die offene See.
Das Gebiet von der Elbmündung bis zum Dollart an der deutsch-niederländischen Grenze im Westen gehört zum größten Teil zum Nationalpark Niedersächsisches Wattenmeer. Die Mündungsgebiete der Ems, der Jade und der Weser sind hier vom Schutzgebiet ausgenommen.
Die drei Nationalparks Wattenmeer erstrecken sich über 500 km entlang der deutschen Nordseeküste von Dänemark bis zu den Niederlanden, die ebenfalls ihren Teil des Wattenmeer in eigenen Nationalparks unter Schutz gestellt haben.

Das Watt -
das „watend begehbare Meer"

Das Wattenmeer der südlichen Nordsee ist einzigartig, weil es eine große, zusammenhängende und relativ „junge" Landschaft ist. So etwas gibt's kein zweites Mal. Das Gezeitengebiet mit Inseln, Halligen und Salzwiesen zwischen der niederländischen Gemeinde Den Helder und der dänischen Halbinsel Skallingen bei Esbjerg ist das größte zusammenhängende Wattenmeer der Welt. Als Watt bezeichnet man nur die schlickigen oder sandigen Flächen, die bei Ebbe trockenfallen. Eine ähnliche Landschaft befindet sich nur noch am Ärmelkanal bei Mont-Saint-Michel mit einem auf dem Granitfelsen errichteten Kloster in mitten des Watts und an den Atlantikküsten in Mauretanien und in einigen Bereichen Nordamerikas sowie an der Pazifikküste im Bereich von San Francisco und an der Gelbmeerküste von Korea und China.

Für eine Wattwanderung ist der Gezeitenkalender ausschlaggebend. Dieser wird vom Bundesamt für Seeschiffahrt und Hydrographie herausgegeben. Die Flutwelle läuft, kommend von den ostfriesischen Inseln, die Küste nach Sylt hinauf. So hat jeder Ort an der Nordseeküste auch zu unterschiedlichen Zeiten den höchsten Wasserstand. Bei Ebbe lockt der Meeresgrund zu ausgedehnten Spaziergängen in die Landschaft die weder Meer noch Land ist. Wenn man aber die Schönheit und die Faszination des Watts in vollen Zügen erleben will, sollte man bedenken: das man in einem Bereich geht, wo das Wasser bei Flut etwa 2,5 m hoch steht. Darum sollten keine tiefe Priele durchquert werden, diese laufen bei Flut sehr schnell voll und sind durch die hohe Strömungsgeschwindigkeit enorm schwer oder gar nicht mehr zu durchqueren. Längere Wattwanderungen sollten nur mit einem erfahrenen Wattführer angetreten werden. Die Wattführer kennen sich im Watt bestens aus. Selbst bei plötzlich auftretendem Seenebel finden sie den Weg an Land zurück. Sie sind auf alle Eventualitäten eingestellt und führen einen Kompass, Pfeife und Fernglas, Uhr, Erste-Hilfe-Ausrüstung sowie ein Notfallsignalmittel mit. Auch ein Funkgerät ist stets mit dabei.

Das Hauptmerkmal in diesem Bereich sind aber die Gezeiten. Dieser tägliche Wechsel zwischen Ebbe und Flut macht dieses Einflussgebiet interessant.

Die Gezeiten (oder Tide) entstehen durch das komplizierte Zusammenspiel der Anziehungskräfte von Mond und Sonne. Der Mond zieht die Wassermassen der Erde

Die markanten Rippelmuster hat die Wasserströmung ins Watt modelliert.

Das Watt ist ein Küstenstreifen zwischen der Hoch- und Niedrigwasserlinie, hier fällt der Meeresboden zweimal am Tag bei jeder Ebbe trocken.

zu sich heran. Immer an der Stelle der Erde, die dem Mond am nächsten ist entsteht so ein „Flutberg". Ebenfalls erzeugt die Erde durch die Drehung eine Fliehkraft, die auch dafür sorgt, dass sich die Wassermassen bewegen. Im Wattenmeer kann man dieses Schauspiel zweimal am Tag erleben. Jeden Tag etwas später.

Eine Springtide oder auch Springflut entsteht, wenn Mond und Erde auf einer Achse stehen, dann verstärken sich die Kräfte und es kommt zu einem etwas höheren Wasserstand bei Flut. Im Gegensatz dazu steht die Nipptide, also eine besonders niedriger Wasserstand bei Ebbe. Dazu muss die Sonne im rechten Winkel zur Mond-Erde-Achse stehen.

Der durchnittliche Tidenhub beträgt an der deutschen Nordseeküste zwischen 2,4 bis 3,5 m. Der Tidenhub an der relativ kleinen und flachen Nordseeküste wird nur in ge-

ringem Maße durch das Wasser der Nordsee verursacht. Vielmehr entsteht er durch die hereinrollende Flutwelle des Atlantiks.

Das Gebiet ist nach der Eiszeit vor etwa 12.000 Jahren nach dem Abschmelzen der Eisplatten entstanden, damals konnte man trockenes Fußes von Deutschland nach England laufen. Der Meeresspiegel lag etwa 45 m tiefer. Die Entwicklung des Wattenmeeres wird vermutlich nie abgeschlossen sein. Voraussetzung für das Entstehen des Wattenmeers ist der sehr flache Meeresboden, der nur sehr wenig (zum Teil nur wenige Zentimeter auf mehrere Kilometer) zum Meer hin abfällt. Aus diesem Grund werden die durch die Flüsse herbeigebrachten Sand- und Tonpartikel im Watt abgelagert. Dieses führt zu einer stetigen Veränderung dieser Landschaft. Die im Watten-

Nächste Seite: Das Mischwatt ist gut begehbar, denn der Bodenwassergehalt bei Ebbe ist gering und der Anteil an organischer Substanz ist auch minimal.

Das Sandwatt erhält durch die Strömung eine deutliche Rippelstruktur.

meer liegenden Inseln, Halligen und Sandbänke verhindern als natürliche Wellenbrecher ein gänzliches abtragen dieses Gebietes durch die Meeresströmungen.

Mit jeder Flut strömt das Wasser auf die Wattflächen, frei schwebende Stoffe werden bewegt. Das Baumaterial des Wattenmeeres wird herangetragen. Sobald sich die Strömung verlangsamt hat, lagern sich zuerst die schweren, bei weiterer Verlangsamung auch die feineren Sinkstoffe ab. Jedoch sorgt die starke Strömung oft dafür, das der Wattboden abgetragen und woanders wieder abgelagert wird. So kommt es zu einer „Sortierung" des Bodenmaterials nach einer Korngröße. Diese führt zu den Unterschieden in der hier lebenden Tier- und Pflanzenwelt und auch zu einer „Einsinktiefe" des Wattwanderers.

So gibt es: das Sandwatt (s. Seite 14/15). Es ist sehr gut begehbar und durch die ständige Umlagerung der Oberflächenschicht durch Strömung und Wellengang ist meistens eine deutliche Rippelstruktur ausgebildet. Diese Wattflächen liegen meistens um

die ost- und nordfriesischen Inseln. Erst in etwa 10 cm Tiefe beginnt die Reduktionsschicht, darum ist die Oberfläche des Watts fester.

Das Mischwatt (s. Seite 12/13) ist meist durch die dichte Besiedlung durch den Sandpierwurm gekennzeichnet, der durch seine Kothaufen und Fresstrichter sehr stark die Wattoberfläche bestimmt. Auch diese Fläche ist für die Naturfreunde noch gut begehbar. Weil die Reduktionsschicht erst in etwa 2 cm Tiefe beginnt.

Nicht für die Wattwanderung ist das Schlickwatt (s. Seite 20/21) geeignet. Es ist stark wasserdurchsetzt und der Wanderer ist gefährdet, tief einzusinken. Man kann das Schlickwatt jedoch gut erkennen, es hat eine glatte Oberfläche und man sieht Unmengen von den schwarzen Häufchen des Kotpillenwurms. Hier beginnt die schwarze Reduktionsschicht schon wenige Milimeter unter Bodenoberfläche.

Das Schlickwatt hat einen hohen Anteil an organischen Bodenbestandteilen und durch die schlechte Sauerstoffversorgung entsteht ein starker Schwefelgeruch.

Im Watt leben -
eine besondere Herausforderung

Also Schuhe aus und bei ablaufenden Wasser (Ebbe) ab ins Watt. Natürlich unter Beachtung des angestammten Lebensraum der Tiere. Günstigste Startzeit ist rund 2 Stunden vor Niedrigwasser. Auf den ersten Blick erscheint dem Besucher hier nur eine große Fläche ohne Leben. Es kann nun sein, das man bei einer Wattwanderung etwas entdeckt, was man noch nie im Leben beobachten konnte. Das Erste im Watt ertasten die Füße, es ist der bräunlich-glitschige mit Kieselalgen (Es soll über 450 verschiedene Arten geben) überzogene Meeresboden. Ein Schlickwatt würde es ohne Algen nicht geben, denn sie verketten mit ihrem Schleim die Sedimente. Das ist der Weidegrund für einige Wattbewohner. Es muss schon ein genauer Blick sein, um die Tiere und Pflanzen in diesem national und sogar international unverzichtbaren Lebensraum zu finden, denn die meisten Würmer und Muscheln haben sich im Wattboden eingegraben. Dies scheinbar so leblose Watt gehört zu den biologisch produktivsten Lebensräumen an der Küste. Hier leben faszinierende Wesen in allen Formen: unzählige Würmer,

Muscheln, Schnecken, Krebse, Vögel und verschiedene Säugetiere. Das Wattenmeer ist das Zuhause für eine beachtliche Anzahl von Tier- und Pflanzenarten.

Als erstes fallen in der Regel sofort die spaghettiartigen Häufchen im Watt auf. Das ist der Kothaufen des **SAND-PIERWURMS**, auch Köder- oder einfach Wattwurm genannt. Er ist wohl einer der bekanntesten Bewohner des Watts. Das Tier selbst sieht man nur, wenn man es vorsichtig ausgräbt. Der Wurm lebt in etwa 20–30 cm Tiefe und

Oberflächenspuren des Sandpierwurms (rechts) sind die Kothaufen und Fraßtrichter.

hat sich dort eine U-förmige Wohnröhre angelegt. Der Sandpierwurm ist meistens braun bis schwarz gefärbt und fingerdick. In der Mitte hat er 13 Paar Kiemenbüschel. Er kann bis zu 20 cm lang werden. Durch seinen ausstülpbaren Rüssel, die roten Kiemenbüschel und sein dünnes Schwanzende ist er unverwechselbar.

Auf der einen Seite frisst er den Sand, um von den darin enthaltenen Algen und Bakterien zu leben, auf der anderen Seite wird der Sand wieder ausgeschieden und türmt sich zu den schon erwähnten spagettiartigen Kothaufen auf. Im Schlickwatt findet man die Kothaufen von jungen Würmern, während die älteren ihre Häufchen eher im gröberen Mischwatt oder Sandwatt machen.

Der Wurm lebt praktisch vom Watt. Zum Fressen liegt der Wurm im waagerechten Stück des U-förmigen Ganges und nimmt durch stülpende Bewegungen des Rüssels den Sand auf. Was dann vom Wurm ausgeschieden wird ist reiner Sand. Da der Wurm meistens an der gleichen Stelle im Wattboden frisst, entsteht an dieser Stelle ein Hohlraum, der durch von oben nachrutschenden Sand wieder gefüllt wird. So entsteht an der Oberfläche ein oft erkennbarer Nachsacktrichter, es ist der Fraßgang des Wurmes.

Der Seeringelwurm hat auf seiner Rückseite ein kräftiges dunkles Längsband, das Rückenblutgefäß, auf dem man nach vorn gerichtete Kontraktionen sehen kann.

Der Seeringelwurm weidet in der nahen Umgebung seiner Röhre winzige Algen und Tiere von der Wattoberfäche.

Die Kothäufchen entstehen weil der Wurm etwa alle 40 Minuten in den senkrechten Teil des Ganges kriecht und den verdauten Sand in Form eines Kringels zur Oberfläche ausstößt. Dies ist ein Moment, auf den die Plattfische lauern. Im Nu beißen sie dem Wurm den Schwanz ab. Im letzten Stück des Wurmes sind keine lebenswichtigen Organe enthalten, darum schadet der Verlust dem Wurm nicht.

Genauso häufig wie der Sandpierwurm ist der **SEERINGELWURM**, nur man sieht wenig von ihm. Nicht nur von Oberflächenspuren, sondern auch vom Aussehen unterscheiden sich die Würmer. In einem verzweigten Gangsystem im Misch- und Schlickwatt lebt dieser Wurm. Der gelblich-braune Wurm hat auf beiden Seiten zahlreiche Paddelfüßchen, die ihm eine Ähnlichkeit mit einem Tausendfüßler verleihen. Seine verzweigten Gänge im Wattboden sind mit Schleimausscheidungen austapeziert. Bei Ebbe stecken die Seeringelwürmer nur ihren Vorderkörper aus dem Gang und suchen die Umgebung nach winzigen Algen und Tieren ab. Mit ihren scharfen Kiefernzangen wird der Fang dann zerkleinert. Dabei entsteht ein Fraßmuster, das wie ein Hirschgeweih aussieht. Wenige Würmer erreichen eine Größe von 10–12 cm, denn zahlreiche Feinde wie Fische, Watvögel und Krebse dezimieren den Bestand.

Nächste Seite: Das Schlickwatt hat eine glatte wasserglänzende Oberfläche, denn es ist stark wasserdurchsetzt. Daher sinkt der Wattwanderer hier tief ein.

Am Prielrand lebt der dünne Kotpillenwurm im sehr weichen Schlickwatt.

Der **KOTPILLENWURM** produziert auffällige kleine Häufchen auf der Wattoberfläche am Prielrand, sonst würde man den Wurm wohl kaum zur Kenntnis nehmen. Der fadendünne, oft auch rot gefärbte Wurm wird 5–10 cm lang und 0,5–1 mm dick. Der Wurm frisst am unteren Ende seiner Röhre den Wattboden, verdaut die or-

Eine Vielzahl von Bodentieren schwebt zunächst als Larve durch das Wasser.

Im Sandwatt lebt im küstennahen Bereich am Prielrand der Bäumchenröhrenwurm in einer Röhre.

ganischen Stoffe und scheidet den Sand am Ausgang der Röhre in Form vieler winziger Kothäufchen wieder aus. Wegen seiner Dehnbarkeit wird er auch scherzhaft „Gummibandwurm" genannt, allerdings ist die Dehnbarkeit beschränkt. Wenn ein Vogel, Fisch oder Krebs den Kotpillenwurm aus dem Wattboden zieht, reißt er ganz schnell ab. In etwa 15 cm Tiefe leben auf einer kleinen Fläche im schlammreichen Mischwatt oft mehrere tausend Würmer. Er gräbt im Sediment und kleidet seine Gänge mit Schleim aus. Da der Kotpillenwurm im weichen Watt lebt, sollten Wattwanderer besonders aufpassen, da man an solchen Stellen besonders leicht tief einsackt.

Der **BÄUMCHENRÖHRENWURM** ist ganzjährig eine Besonderheit im Watt. Er lebt im küstennahen Bereich in einer Röhre, die das Aussehen eines sehr kleinen Bäumchens hat. Man muss schon beim Wattwandern an den Prielrändern gut suchen um die 1–2 cm hohe Röhre im sandigen Meeresboden zu entdecken. Sobald sich eine mikroskopisch kleine Schwimmlarve am Rande eines Prieles an den Röhren

Gemeine Strandschnecken und die kleinen Wattschnecken „weiden" die Oberfläche des Wattbodens ab.

älterer Würmer angesiedelt hat, verwandelt sich die Larve bald in einen Wurm. Der blass rötliche oder braune, weichhäutige Körper kann bis zu 30 cm lang werden. Im Kopfbereich sind 3 Paar Kiemenbüschel und schnurförmige Tentakel angelegt, diese Tentakel können bis auf eine Länge von 12 cm ausgedehnt werden.

Zum Bau der Röhre sind die Tentakel ganz wichtig, mit ihnen wird die Umgebung nach passenden kleinen Stückchen von Schnecken- oder Muschelschalen und Sandkörnern abgesucht. Dieses Material wird mit einem Sekret aus einer Kittdrüse vermischt und mit den Mundlappen zu einer Röhre geformt.

Nach dem Bau der Röhre wird eine „Baumkrone" auf die Mündung gesetzt, die mit einer sandüberzogenen Einfassung versehen ist. Diese „Baumkrone" liegt gewöhnlich in einer Ebene und quer zur Strömungsrichtung. Die klebrigen Tentakel sind dann das „Stellnetz", in dem sich mikroskopische Nahrungspartikel verfangen, die dem Mund zugeführt werden.

Wenn das Bäumchen durch die Strömung von Sand bedeckt wird, verlängert der Wurm binnen Stunden die Röhre bis zur neuen Sedimentoberfläche. Nur so kann der Wurm mit dem besonderen Namen im Lebensraum Watt bestehen. Jedoch hat das

Tier auch Feinde, es wird von Watvögeln, Möwen und Plattfischen gefressen. Darum bleibt der dünne Hinterkörper bei der Nahrungsaufnahme in der Röhre, so kann sich der Wurm bei Gefahr schnell zurückziehen.

Viele **GEMEINE STRANDSCHNECKEN** „weiden" mit ihre Raspelzunge die Wattoberfläche ab, dadurch tragen sie mit ihren Ausscheidungen zur Schlickwattbildung bei. Fast auf allen Steinen und Pfählen der Lahnungen sind die 1–3 cm großen Strandschnecken nach der Hochwasserlinie zu sehen. Sie besiedeln auch das höhere Schlick- und Mischwatt, wo man oft etwa 200 Schnecken auf einem Quadratmeter finden kann. Die Schnecken bilden ein breites Schleimband, auf dem sie sich mit dem Kriechfuß fortbewegen. Dadurch zeichnet sich das Gewirr ihrer Kriechspur auf den feuchten Grund ab.

Die Strandschnecke weidet in der Gezeitenzone die Algen ab.

Wenn das Watt trockenfällt, verkriecht sich die Schnecke in schattige Löcher und Spalten. Sie zieht ihr Gehäuse fest an den Untergrund, so kann sie sogar 3–4 Wochen ohne Wasserbedeckung überleben.

Die Schnecken gehören wegen ihrer Häufigkeit zu den aufallendsten Weichtieren der Küste.

Die kleinen Wattschnecken auf einer Muschelschale und Spuren im Watt.

Das rundliche Gehäuse der Nabelschnecken ist oft glatt.

Die **WATTSCHNECKE** wird nur etwa 6 mm groß. Aber es sind oft 4.000 Schnecken auf dem Quadratmeter vorhanden. Sie leben nahe der Hochwasserlinie im Schlickwatt. Weil die Anzahl der ovalen Schnecken so groß ist, findet man stellenweise im Spülsaum Millionen angetriebener Wattschneckenschalen, die oft wie sehr grober Sand aussehen. Die angetriebenen Schnecken müssen jedoch nicht tot sein, da sie die oben zugespitzte Mündung ihrer Schale durch einen Kalkdeckel verschließen können und so tagelang die Trockenheit unbeschadet überleben. Gegen ihre Fressfeinde hilft das allerdings wenig.

Wenn der Wanderer Muschelschalen mit runden Löchern findet, dann ist das ein Werk der räuberischen Nabelschnecke. Sie bohren mit ihrer spitzzähnigen Raspelzunge ein rundes Loch in die Schale und dann wird der Weichkörper ausgefressen.

Die kleinen Schnecken werden mitsamt der Schale von Vögeln, Fischen und Krebsen gefressen. Jedoch gelingt es ihnen dennoch das Watt in Mengen zu besiedeln.

Von den **NABELSCHNECKEN** findet der Wattwanderer nur die kugeligen Gehäuse auf dem Sandwatt, die räuberischen Schnecken leben eingewühlt im Boden. Die Gehäuseform der Nabelschnecken ist sehr unterschiedlich und die Schale kann sehr dick sein und kann von der Schnecke auch verschlossen werden. Die fleischfressenden Schnecken fangen zur Nahrung andere weichbodenbewohnende Weichtiere (Muscheln, Schecken und Kahnfüßer), sie zerstören das Gehäuse der Beute mit Hilfe mit der aus vielen sehr kleinen Zahnreihen bestehenden Raspelzunge. Danach wird die Beute mit Hilfe des extrem großen Grabefußes in den weichen Boden gezogen und gefressen.

Die seltsam geformte **PANTOFFELSCHNECKE** ist ein Besiedler der Gezeitenzone. Die 2–4 cm große Schnecke wächst schnell. Die langovale Schale ist grau, manchmal auch braun gesprenkelt. Durch die dünne, weißen horizontalen Platte entsteht der Eindruck eines Pantoffels, das gab ihr den Namen. Oft auch „gewölbter Schuh" genannt. Sie strudelt mit ihren wimpernbesetzten Kiemen Wasser in die Mantelhöhle ein. Mit zwei Schleimnetzen werden die darin enthaltenen Plankton- und andere Schwebeartikel abgefangen und anschließend zum Mund geführt. Die seltsam

Die seltsam geformten Gehäuse der Pantoffelschnecke.

Das dickwandige Gehäuse vom Pelikanfuß ist selten zu finden und ist dadurch ein begehrtes Sammlerstück. Die Schnecke lebt im Schlammgrund.

geformte Pantoffelschnecke wurde ursprünglich aus Amerika nach Deutschland mit jungen Muschelkulturen eingeschleppt und hat sich wahrscheinlich um 1934 in den Flachwasserzonen der Nordseeküste ausgebreitet.

Sie gilt als direkte Konkurrentin der Muscheln, weil sie auf den Muschelbänken sitzt und ihre Nahrung aus dem Wasser filtert und somit den Muscheln die Nahrung vor der Nase wegschnappt.

Häufig findet man im Wattenmeer mehrere der nur aus eineinhalb Windungen bestehenden Gehäuse übereinander sitzen. Dies steht mit der Fortpflanzung im Zusammenhang. Unten sitzt zuerst ein großes Weibchen, auf dessen Schale sich ein Männchen zur Begattung festsetzt. Dieses Männchen wächst und wandelt sich ebenfalls zu einem Weibchen um. Darauf setzt sich wieder ein Männchen, nach der Begattung wird es ein Weibchen. So wächst die Paarungskette. Diese Paarungsketten bleiben wahrscheinlich über Jahre bestehen. Die Pantoffelschnecken sind sehr häuslich und brauchen wegen ihrer filtrierenden Ernährung keinen Ortswechsel, lediglich heben sie ihren Schalenrand und saugen Wasser ein.

Das zerbrechliche, mehr oder weniger turmförmigen Gehäuse der Wendeltreppenschnecke.

Das dickwandige, ungenabelte Haus der Netzreusenschnecke ist eiförmig und hat ein konisches Gewinde.

Einige Schneckengehäuse sind am Strand nur gelegentlich zu finden. Dazu gehören auch der spitz kegelige **PELIKANFUSS**. Die eher seltene Schnecke mit den knotigen Rippen wird bis zu 5 cm lang. Die gefundenen Gehäuse sind dann sehr alt.

Das rechtsgewundene, turmförmige Gehäuse der **WENDELTREPPEN-SCHNECKE** hat 15 konvexe Umgänge mit kreisförmigen Querschnitt. Die Gehäusemündung ist rund.

Das rechtsgewundene, dickwandige, ungenabelte Gehäuse der **NETZREUSEN-SCHNECKE** ist ei förmig und erreicht eine Größe von 2–3 cm. Durch Längsfalten und schraubig verlaufenden Streifen hat das Gehäuse eine netzartige Oberfläche.

Das Gehäuse der **TREPPENSCHNECKEN** ist kräftig und spitz kegelig zugeschnitten, es hat bis zu sieben Umgänge mit einer scharfer Kante. Dadurch entsteht eine treppenförmige Kontur.

Das Gehäuse der Treppenschnecken ist kräftig und spitz kegelig.

Bekannt ist vor allem die in der Nordsee lebende Gemeine Turmschnecke.

Die schlanke **GEMEINE TURMSCHNECKE** erreicht eine Größe von fast 5 cm. Sie hat schwach, gewölbte Windungen in unterschiedlichen Stärken. Die Naht zwischen zwei Umgängen ist deutlich und tief und sie hat eine ovale Öffnung. Die Färbung schwankt zwischen rost- bis hell-bräunlich, auch gelblich oder grau. Die Schnecke lebt gesellig in weichen Watt- und Sandböden. Sie ist bis über die Gehäusespitze eingegraben in tieferen Wasser und verlässt selten ihren Standort.
Der Name Turmschnecke erklärt sich dadurch, weil viele Tiere in dieser Familie eine langgestreckte, spitz zulaufende Form des Gehäuses mit einer großen Anzahl von Windungen haben.

Der Wattwanderer bekommt die lebende **WELLHORNSCHNECKE** keinesfalls zu sehen, da sie nicht auf dem trockenen Wattboden vorkommt. Sie lebt nur in wasserführenden Prielen und in der freien Nordsee. Leere, dickwandige Gehäuse, sowie die hornfarbigen Laichballen der Wellhornschnecke jedoch kann der Wanderer im Watt und Spülsaum häufiger finden. In diesen Laichballen sind in jeder Kapsel zwischen 100 und 1.000 Eier, sie sind von einer gallertartigen Masse umgeben. Diese Masse trocknet an der Luft und die Laichballen werden dünn wie Papier. Von den vielen Eier werden etwa 10 befruchtet, die sich dann von den unbefruchteten Eiern ernähren. Beim Ausschlüpfen sind die jungen Wellhornschnecken etwa 3 mm groß.

Die Wellhornschnecke frisst im Gegensatz zu Artgenossen auch Aas und kranke Tiere, die sie mit ihrem guten Geruchssinn aufspürt.

Von großen Einsiedlerkrebsen werden die leeren Gehäuse der Wellhornschnecken gern als ideale Behausung verwendet.

Laichballen der Wellhornschnecke.

Auf dem Wattboden ist nur das leere Gehäuse der Wellhornschnecke zu finden.

Die Gemeine Herzmuschel sieht von der Frontseite herzförmig aus.

Die kräftige Schale der bis zu 5 cm großen **GEMEINEN HERZMUSCHEL** ist mit strahlenförmig von den hohen Wirbeln bis zum Schalenrand verlaufenden, breiten, flach abgerundeten Rippen skulpturiert. Die Muschelschalen findet man in sandigem Watt. Sie ist farblich von weiß über gelblich bis bräunlich gefärbt und hält Kontakt zur Oberfläche durch ihre kurzen Ein- und Ausströmsiphonen für frisches Atemwasser. Wenn man eine geschlossene Muschel von der Seite betrachtet zeigt sie eine Herzform, nach der sie ihren Namen erhielt. Die wohl häufigste Muschel im Wattenmeer lebt in der Gezeitenzone dicht unter der Sedimentoberfläche. Der Wattwanderer spürt im weichen Watt die Gemeine Herzmuschel als „Kopfsteinpflaster" unter den Fußsohlen. Weil sich die Herzmuscheln nur 1–3 cm tief eingraben, werden sie leicht aus dem Wattboden freigespült. Mit ihrem muskulösen Fuß können sie sich aber schnell wieder eingraben bevor sie Beute der Fressfeinde werden. Die Gehäuse der toten Muscheln werden durch den Wellengang getrennt, so findet man öfter einzelne Schalenhälften.

Eine freigespülte Herzmuschel gräbt sich schnell mit ihren Fuß wieder ein.

Die blau-schwarzen bis violetten **MIESMUSCHELN** sieht der Wattbesucher schon nach den ersten Schritten ins Wattenmeer. Sie lebt ausschließlich auf der Wattoberfläche. Diese keilförmig gestreckten, fast dreieckigen Muscheln kennt fast jeder, denn sie werden häufig zum Verzehr angeboten und werden als Delikatesse geschätzt. Die Muschel unterscheidet sich deutlich von den anderen Muscheln. Nicht nur durch das Aussehen, sondern auch durch ihre Lebensweise. Sie haftet sich mit den feinen weißen bis bräunlichen Byssusfäden an festen Gegenständen wie Pfählen, weshalb sie auch oft Pfahlmuscheln genannt wird, an Steine oder auch an die Schalen der Artgenossen. Diese extrem, elastischen Eiweißfäden dienen um die Schläge der Wellen abzufedern. Nach etwa 3 Jahren haben die Muscheln eine Größe von 6–7 cm erreicht und werden als Speisemuscheln geerntet.

Im Bereich der Gezeitenzone und im Seichtwasser findet man oft ganze Stränge mit unzähligen Miesmuscheln, die sich aneinander festhalten, so fest dass die Muschelbank sogar einer starken Strömung standhält.

Die Miesmuscheln haben keinen Grabfuß und können sich deshalb nicht im Wattboden eingra-

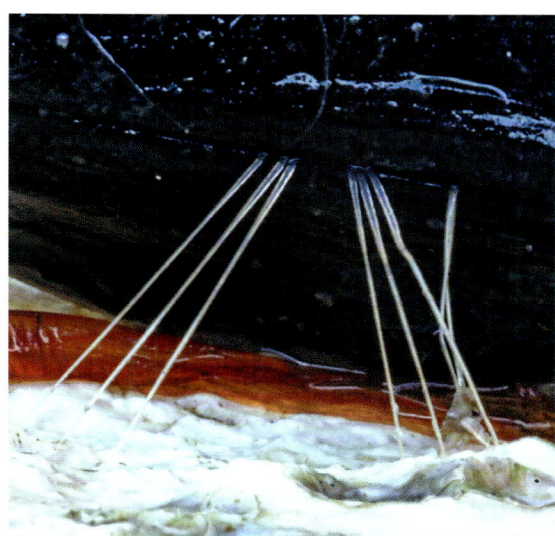

Die Muscheln halten sich mit den Byssusfäden an festen Gegenständen fest.

Die länglichen Schalen der Miesmuschel schließen besonders dicht, so dass sie die tägliche Trockenheit bei Ebbe gut überstehen.

Im Watt liegen Unmengen der Schalen der nicht massiven Scheidenmuschel.

ben. Sobald die Muscheln in den weichen Wattboden einsinken oder versanden, sterben sie ab, denn die Muscheln sind ständig auf Zustrom von Wasser angewiesen Die Nahrung filtert die Muschel über eine fein gelappte Einströmöffnung aus dem Wasser heraus. Sie kann aber auch tagelang trockenliegen und eignet sich daher gut für den Versand zum Verzehr.

Erst seit 1979 findet man im Watt die Amerikanische **SCHEIDENMUSCHEL** (Schwertmuschel). Sie ist wahrscheinlich mit den Schiffen als Larve im Ballastwasser von der amerikanischen Ostküste eingeschleppt worden. Sie kommt nun im Schlick- und vor allem im Sandwatt vor. Lebende Tiere findet man kaum, da die Scheidenmuschel oft nur punktuell verbreitet ist. Dazu kommt, dass die Muschel einen großen kräftigen Grabfuß hat, mit dem sie sich ganz schnell im weichen Meeresboden eingraben kann, so entzieht sie sich unseren Blicken. Auch kann die Muschel im freien Wasser schwimmen, indem sie die Schalenklappen ruckartig öffnet und schließt.
Die Schalen der Scheidenmuschel findet man allerdings häufig im Spülsaum. Die Unmengen dieser Schalen weisen auf einen geeigneten Lebensraum hin.

Eine freigespülte Sandklaffmuschel. Sie strudeln mit ihrem ausgezogenen Einströmsiphon Partikel heran. Sobald die Muschel ihren Siphon bei einer Störung einzieht, wird das Wasser aus den Schalen ruckartig herausgedrückt.

Die größte Muschel im Wattenmeer ist die **SANDKLAFFMUSCHEL** sie kann bis zu 14 cm groß werden. Die Schale ist vorne abgerundet, hinten etwas zugespitzt. Die linke Klappe ist kleiner und verfügt über einen löffelartigen Fortsatz. Das küstennahe Flachwasser ist ihr Lebensraum und auch sie wurde vermutlich schon im 14. Jahrhundert von den Wikingern aus dem Norden Amerikas nach Europa eingeschleppt. Die ovalen, meist weißlichen Muscheln leben etwa 20–30 cm senkrecht ungewöhnlich tief im Schlick eingegraben, wo sie vor Fressfeinden geschützt sind. Junge Muscheln können ihren Standort wechseln, die älteren können fast nicht mehr wandern, weil ihr Grabfuß zu schwach ist. Die Muschel ist mit dem runden Ende nach unten eingegraben. Aus dem spitzen Ende streckt sie eine lange Atemröhre durch das

Die „Abgestutzte" sieht so ähnlich aus wie die Sandklaffmuschel, ist aber hinten abgeflacht. Sie kommt auch nicht so oft im Watt vor.

Die Schalen der seltenen Rhombischen Teppichmuschel sind quer-oval und haben konzentrischen Streifen.

Watt bis an die Oberfläche des Meeresbodens. So saugt sie Wasser an und filtert daraus die aufgewirbelten Bodenpartikel und Kieselalgen als Nahrung. Ihr Siphon kann bei einer erwachsenen Muschel bis auf 50 cm ausgestreckt werden, weil sie immer Sauerstoff von der Oberfläche in ihre Wohnröhre holen muss. Ihr Siphon ist in zwei Röhren in einer derben Hülle aufgeteilt. Die eine dient als Einströmöffnung, durch die Sauerstoff und die Nahrung eingesogen wird. Die Stoffe, die nicht verdaulich sind, werden dann durch die Ausströmröhre ausgeschieden. Durch die Längenveränderung des Siphon werden die Niveauänderungen des Wattbodens ausgeglichen. Eine junge Sandklaffmuschel hat viele Feinde in der Gezeitenzone. Sie wird von den Strandkrabben und vom Seestern gefressen und auch bei den Fischen und Vögeln stehen die Klaffmuscheln auf dem Speiseplan. Die Möwen stampfen sie in den Trampelkuhlen frei, die größeren Muscheln lassen die Möwen dann aus der Höhe auf harten Boden fallen und knacken

Die Baltische Plattmuschel ist wegen ihrer Farbe bei den Sammlern beliebt.

Die Sägezähnchen werden auch als gebänderte Dreiecksmuscheln bezeichnet.

so die Schale der Muschel. Die Watvögel stochern die Muscheln mit dem langen Schnabel aus dem Boden und kommen so an das begehrte Fleisch.
Die scharfkantigen Sandklaffmuscheln an den Prielrändern können zu Schnittverletzungen an den Füßen der Wattwanderer führen.

Besonders beliebt ist die **BALTISCHE PLATTMUSCHEL** (Rote Bohne) bei den Wattwanderen, die Muschelschalen sammeln. Sie wird auch „Nordische Tellmuschel" genannt. Außen wird die rote Färbung dieser Plattmuschel durch breite, konzentrische Binden teilweise verdeckt, die Innenseite ist aber glänzend rot. Es kommen auch weiße, gelbe oder rosafarbenen Exemplare vor. Die Oberfläche der Muschel ist glatt, mit Ausnahme der konzentrischen Wachstumsringe. Nur 2–3,5 cm Größe erreichen die Muscheln, die im schlammigen und sandigen Wattboden 4–10 cm tief eingegraben lebt. Wenn sie durch die Wellenbewegung doch freigespült wird, kann sich sie sich mit dem Grabfuß flink eingraben, bevor die Fressfeinde kommen.

Die **SÄGEZÄHNCHEN** leben eingegraben im tieferen Sand des Meeres. Die auch „Gebänderte Dreiecksmuscheln" genannten Meeresbewohner leben bis in einer Wassertiefe von 30 Metern und sind vorwiegend in der südlichen Nordsee zu finden. Sie werden höchstens 3 cm lang und können verschiedene Farben von beige bis braun zeigen. Die Schalen der Sägezähnchen werden nach Stürmen oder bei Strandaufspülungen zu tausenden an den Strand gespült.

Die Gehäuse der Trogmuscheln im feinen Schlicksand.

Die **TROGMUSCHELN** haben sehr dicke Schalen. Meistens sind die cremefarbigen Schalen von einer dünnen Haut überzogen. Die bauchigen Muscheln leben hauptsächlich eingegraben im schlickigen oder sandigen Boden im Bereich der Nied-

Die Schalen des Strahlenkörbchens werden von Sammlern gern mit genommen.

rigwasserlinie in der Gezeitenzone, darum findet der Wattbesucher nur die Gehäuse. Sie sind quereiförmig bis dreieckig. Die Schalen haben farbige Ringe, diese bilden sich durch die Einlagerung von Eisenverbindungen.

Die jungen Muscheln sind zwar etwa 5 cm eingegraben, werden aber trotzdem von Krebsen und Borstenwürmern gefressen.

Ein interessantes Sammlerstück ist das **STRAHLENKÖRBCHEN**. Die Schalen der eingegrabenen Muscheln werden durch die starke Strömung frei gespült. Die auch zu den Trogmuscheln gehörenden Muscheln haben eine vergleichsweise dünne, leicht brüchige Schale. Das gleichklappige Gehäuse dieser Muschelart ist abgerundet-dreieckig und stark gewölbt. Die Sammler erkennen sie schnell an ihrer glänzenden Oberfläche. Die „Bunte" hat braune konzentrische und radikale Streifen (Strahlen), daher kommt der Name. Man findet die Schalen meistens auf sandigen Böden und im weichen Schlickwatt ganz selten. Lebende Muscheln werden eher nicht gefunden, da ihr Lebensraum tief im Meeresboden ist.

Im wassergesättigten Schlickwatt nahe der Niedrigwasserlinie sind Spuren der **PFEFFERMUSCHEL** zu finden. Es sind sternförmige Rinnen im und am Kie-

Freigespülte Pfeffermuschel auf dem Schlickwatt.

Die Pfeffermuschel saugt mit ihrem Siphon den Wattboden ab. Dadurch entstehen die sternförmigen Spuren rund um ihren Wohnort.

selalgenrasen. Die dünne Schale der Pfeffermuschel, welche bis zu 5 cm groß werden kann, ist etwas konzentrisch gestreift. Normal ist sie weiß, kann aber durch Eisensulfid im Wattboden dunkel gefärbt sein. Mit dem kräftigen Grabfuß und einer flach gewölbten Schale, die dem weichen Wattboden nur wenig Widerstand entgegen setzt, ist die Muschel beweglich und gräbt sich senkrecht 5–15 cm tief ein. Durch zwei lange separate Siphone, die bei Gefahr eingezogen werden, hält die Muschel den Kontakt mit der Bodenoberfläche. Mit dem Einströmsiphon, der bis zu 25 cm Länge erreichen kann, saugt sie unter leichtem seitlichen Pendeln, die Sinkstoffe aus dem Wasser direkt über

Die Bunte Kammmuschel hat gebänderte Schalenklappen und ist nur ab und zu im Spülsaum zu finden.

ihren Wohnort ab. Der Sog hierfür wird von den feinen Flimmerhärchen auf den Kiemen erzeugt. Alles ungenießbare wird in kleinen eingeschleimten Klumpen durch den Ausströmsiphon zur Bodenoberfläche ausgespuckt. Weil der Einströmsiphon, also der Hauptschlauch, bis an die Oberfläche reicht, beißen Vögel, Fische und Krebse die Spitze gerne ab. Wenn nur das letzte Stück erwischt wird, kümmert es die Muschel nicht. Denn sie kann den Siphon innerhalb weniger Tage nachwachsen lassen.
In Notzeiten kam sie auch auf die Tische der Menschen, ihr leicht pfeffriger Geschmack gab der Muschel ihren Namen.

Die dickschalige **ISLANDMUSCHEL** ist nahezu kreisrund. Diese 5–9 cm großen Muschelschalen sind bei einer Wanderung nur selten zu finden. Das Weichtier lebt im festen, sandigem oder schlammigen Grund, in der Gezeitenzone meistens in beträchtlichen Tiefen eingegraben. Ihre Schalen wachsen sehr langsam und bilden dabei markante Ringe. Sie hat eine Lebensdauer von mehreren hundert Jahren. Um das Alter der Muscheln festzustellen müssen die Zuwachsstreifen auf der Schale der Muschel gezählt werden. Ähnlich wie mit den Jahresringen eines Baumes bekommen die Muscheln Jahr für Jahr am Rand ihrer Kalkschale Wachstumsstreifen. Das erleichtert die Altersbestimmung.

Dei Islandmuscheln haben geriefte Schalenklappen.

Die Amerikanische Bohrmuschel wurde um 1896 im Wattenmeer entdeckt.

Die langgestreckte, dünnwandige **AMERIKANISCHE BOHRMUSCHEL** wurde aus Amerika mit Zuchtmuscheln zuerst nach England mitgebracht. Die spröde Muschel hat sich von dort schließlich in der ganzen Nordsee verbreitet. In selbst ge-

Bei der Krausen Bohrmuschel sind die Schalen kräftig gewölbt.

bohrten Gängen lebt die Muschel in etwa 10 m Wassertiefe. Sie ist am Vorderende schnabelartig zugespitzt. Die Schale besitzt ein Schloss, das in der rechten Klappe zwei kräftige Zähne aufweist, von denen der hintere zweigeteilt ist. In der linken Klappe sitzen drei Zähne, von denen der mittlere Zahn zweigeteilt ist. Es sind keine Seitenzähne vorhanden. Die Siphonen können etwa auf die doppelte Gehäuselänge ausgestreckt werden und sind an der Basis verwachsen. Die geriffelten Klappen werden durch Muskeln zusammengehalten und sind beweglich. Die Beweglichkeit ist für die Bohrtätigkeit wichtig. Durch drehenden Bewegung mit den weißen Schalenklappen schabt sie ausdauernd Gänge in Keil- und Torfschichten oder in Kalkgestein und Holz, in denen sie sich aufhält. Als Nahrung strudelt sie Planktonorganismen ein, das sie aus dem Wasser filtert.

Besonders nach Sturmfluten wird die weiße Schale der auch „Engelsflügel" genannten Bohrmuschel angeschwemmt.

Die Gestreiften Venusmuscheln leben eingegraben im sandigen Böden, nur gelegentlich werden die Schalen gefunden.

Die **PAZIFISCHE AUSTER** wurde in den 1970er Jahren für Aquakulturzwecke geholt und als „Sylter Royal" bekannt. Die Muschel war ursprünglich nur im nördlichen Pazifik rund um Japan und der Insel Sachalin beheimatet. Nun hat sich die Pazifische Auster außerhalb der Drahtkörbe vor Sylt verbreitet. Im Bereich des deutschen Wattenmeeres wurden erstmals um 1986 „wilde" Einzelexemplare auf den Miesmuschelbänken westlich von Norddeich entdeckt. Heutzutage ist die Pazifische Auster im gesamten Wattenmeer verbreitet und lebt häufig mit den Miesmuscheln auf gemischten Riffen. Auf Grund der milden Wassertemperaturen in der Nordsee und durch ihren schnellen Wachstum breitete sie sich aus. Noch immer nimmt die Zahl der Pazifischen Austern rasant zu. Sie brauchen einen festen Untergrund, um sich anzusiedeln, dabei kann aber schon eine Schale des Artgenossen als Basis ausreichen für ein neues Austernriff.

Viele Wattwanderer sind über ihr Erscheinen nicht gerade glücklich. Die Schalen sind

Ein Aufzuchtgebiet der Pazifischen Auster liegt in der Blidselbucht bei List/Sylt.

teilweise messerscharf und man kann sich leicht an den Füßen verletzen. Dagegen sind einige Vogelarten, obwohl sie Mühe haben die widerspenstigen Schalen zu öffnen, sehr erfreut über die Leckerbissen.

Die schmackhaften Europäischen Austern waren von jeher eine beliebte Delikatesse und wurde an vielen Stellen der Küste gefischt. Aber vermutlich durch Überfischung sind die Bestände erloschen.

Heute findet man im Watt hingegen nur noch angespülte Schalen, die von ihrer früheren Häufigkeit zeugen.

Die scharfkantigen Pazifischen Austern sind sind bei den Wattwanderen nicht beliebt, weil sie zu bösen Schnittverletzungen an den Füßen führen können.

Die dicken Schalen der europäischen Auster sind noch gelegentlich am Strand zu finden, oft auch nur in Schalenbruchstücken.

Eine Strandkrabbe verlässt ihr Versteck bei auflaufendem Wasser.

Von der **STRANDKRABBE** sieht man meistens zuerst nur die leeren Panzer im Watt. Das den gesamten Körper umgebende Exoskelett der Tiere wird bei ablaufenden Wasser von Möwen aufgeknackt und der Inhalt gefressen. Im Speiballen der Möwen befinden sich die unverdaulichen Reste der Krabben dann am Strand wieder. Darum halten sich die Strandkrabben (der bekannteste Vertreter seiner Art im Watt), bei Ebbe meistens nur in wasserführenden Prielen auf oder verkriechen sich unter Steinen und Tang an den Buhnen. Wer kein Versteck findet, gräbt sich im Wattboden ein und erwartet hier die nächste Flut. Mit dem auflaufenden Wasser wandern die Krebse in ihrer eigentümlichen seitlichen Laufweise zum Fressen ins tiefere Wasser und kehren bei ablaufenden Wasser wieder zurück. Mit den kräftigen Scheren kann die Krebsart Muscheln und Schnecken knacken, welche neben Würmern und Garnelen ihre bevorzugte Beute sind.

Männliche Strandkrabbe.

Trotz der Gewandtheit, verstärkten Panzer und den kräftigen Scheren werden die Strandkrabben nicht nur von Möwen gefressen. Auch Austernfischer und Eiderenten verspeisen die ganz kleinen jungen Krabben. Während der Häutung, werden die Tiere besonders oft gefressen, denn um wachsen zu können, müssen die Krebse ihren harten Panzer abstoßen. Das passiert im Leben des Tieres etwa 15mal und nach 3 Jahren Lebenszeit sind sie fast 7 cm breit. Der neue schützende Panzer braucht jedoch einige Zeit, um hart zu werden. Wird den Krebsen ein Bein oder Schere abgerissen, so bildet sich bei der nächsten Häutung das verlorene Organ neu.

Vor allem in tieferen Prielen lebt die **GEMEINE SCHWIMMKRABBE**, ein naher Verwandter der Strandkrabbe. Der Kurzschwanzkrebs wird etwa 3 cm lang und 4 cm breit. Der Rückenpanzer ist fast fünfeckig, hat einen Vorderrand, der an jeder Seite fünf Zähne hat. Sie meidet möglichst freifallende Wattflächen. Das letzte Beinglied des fünften Beinpaares ist zu einem abgeflachten Ruderfuß umgewachsen. Hiermit kann die bräunlich, graue Krabbe sehr gewandt, schnell seitwärts und schräg aufwärts auf ihre Beute zuschwimmen. Dabei macht sie kreisende Bewegungen mit dem „Paddel". Mit den spitzen Scheren wird die Beute, kleine Fische und Garnelen,

Gut kann man an der Schwimmkrabbe am letzten Beinpaar den Ruderfuß erkennen.

Die Strandkrabben halten das Weibchen mit einer Schere unter dem Körper fest.

gepackt. Jedoch wird die Schwimmkrabbe oft auch selbst Beute von Dorschen, Knurrhähnen oder Rochen.

Wie bei der Strandkrabbe kann man Pärchen sehen, bei denen das Männchen ein Weibchen mit einer Schere unter dem Körper fest hält, bis sie sich vor der Paarung „auszieht".

So kommen die Nordseegarnelen als „Frische Krabben" in den Handel.

Auf dem Weg zur Nordsee sieht man oft Werbeschilder „Frische Krabben". An der Küste sagt man auch: Porren oder Granat. Jedoch findet man hier keine Krabben, denn was hier in den Geschäften oder direkt am Kutter zu erwerben ist, sind langschwänzige **NORDSEEGARNELEN** (Sandgarnelen). Nur der Hinterteil der Garnele enthält das schmackhafte Fleisch zum Verzehr, bei Krabben ist dieser Körperteil unterent-

wickelt. Krabben und Garnelen sind zwar verwandt, allerdings haben die Nordseegarnelen neben den Beinen noch einige dünne Beinhaare, die zum Schwimmen dienen.
Die Garnele kann sich gut der Farbe des Bodens anpassen. Die Tiere sind im Wattenmeer gewöhnlich sandfarben und vielfach gesprenkelt.
Bei Ebbe, wenn die Wattwanderer unterwegs sind, haben sich die Garnelen in den wasserführenden Prielen eingegraben.
Ein geübtes Auge sieht, dass

Die Nordseegarnelen sind durch eine Farbanpassung der Körperoberfläche vor Feinden gut geschützt.

nur die gestielten Augen und die Fühler aus dem Meeresboden ragen. Bei Flut gehen die Garnelen dann wieder auf Nahrungssuche (u. a. Plankton, junge kleine Seeringelwürmer, Schlickkrebse, Flohkrebse, Muschelbrut oder Algen).
Die umfangreiche Beute wird mit einklappbaren kleinen Scheren am ersten Beinpaar gegriffen und zum Mundwerkzeug geführt.
Für die Strandkrabben, Schwimmkrabben, Schollen, Wittlingen, Seevögel und auch junge Robben im Wattenmeer ist die Nordseegarnele eine begehrte Beute.
Dazu gehören auch die Fischer mit den 10–20 m langen Krabbenkuttern. Die Garnelen werden mit jeweils zwei Baumknurren (Grundschleppnetze) gefischt und gleich an Bord gekocht. Nordseegarnelen werden das ganze Jahr über gefangen, mit deutlicher Spitzen in den Monaten April/Mai. Dieses Produkt wird dann an Land als „Krabben" vermarktet.

Unter den Zehnfüßigen Krebsen ist der **EINSIEDLERKREBS** ein besonderer Vertreter. Den Einsiedlerkrebs findet der Wattwanderer nur durch Zufall bei Ebbe in den großen Pfützen im Wattboden, denn er braucht die ständige Wasserbedeckung. Dieser Krebs lebt meistens in einem verlassenen Gehäuse der Wellhornschnecke, das Haus schleppt der Krebs ständig mit sich herum. So schützt er seinen weichhäutigen Hinterleib und kann sich bei Gefahr ganz in das Schneckenhaus zurückziehen, die Öffnung verschließt er dann mit seinen Scheren.

Nächste Seite: Begegnung im Wasser ein großer Einsiedlerkrebs trifft auf eine Nordseegarnele.

Stachelpolypen überziehen mit einer rauen Kruste oft die Schnecken, in denen Einsiedlerkrebse wohnen.

Anatomisch hat sich der etwa 10 cm große Krebs an seine Umgebung angepasst. Das erste Beinpaar hat ungleich große Scheren. Die mittleren Beinpaare sind länger als die Scheren und dienen als Laufbeine. Die hinteren kleinen Beine sind mit Greifhaken ausgerüstet und dienen zum Festhalten an dem Schneckengehäuse.

Wenn der Krebs wächst, muss er sich ein größeres Schneckenhaus suchen. Als Nahrung braucht der Krebs Borstenwürmer, Schnecken, Muscheln, kleine Krebse und organische Teile, die er in Prielen mit wenig Strömung findet.

Der im Flachwasser des Wattenmeeres beheimatete längliche **SCHLICKKREBS** lebt in großer Dichte im Wattboden in kleinen, etwa 4–8 cm tiefen U-förmigen Röh-

Der weißlich-graue Schlickkrebs mit Grabfühlern.

Die Seepocken heften sich mit dem Vorderkopf an feste Gegenstände.

ren, die er mit Schleim auskleidet. Der Flohkrebs gräbt im Liegen den schlickigen Wattboden unter sich weg, dadurch sinkt er senkrecht ein. Von hier kratzt er mit seinen beinartigen Antennen den Wattboden nach Kieselalgen und Kleinlebewesen ab. Er selbst stellt ebenfalls eine begehrte Nahrung für die vielen Wasservogelarten, Fische, größere Krebse und räuberischen Würmer im Watt dar. Sobald das Watt trockenfällt, sind die Schlickkrebse umherkriechend auf der Wattoberfläche des öfteren zu sehen, wo sie nach Nahrung suchen. Dabei erzeugen die tausende von Schlickkrebsen das typische Wattknistern, das der Husumer Dichter Theodor Storm als „des gärenden Schlammes geheimnisvollen Ton" beschrieb. Dieses „Wassergeräusch" entsteht durch das Zerreißen des Wasserhäutchens zwischen den beiden Fühlern.

Sicherlich kann man auch die zahllosen kleinen weißen „Kugeln" der **SEEPOCKE** sehen. Sie siedelt sich in dichten Gürteln in der oberen Gezeitenzone an. Das es sich hier um kleine Krebse handelt, hat wohl keiner vermutet. Die Seepocken sind festsitzende Krebse, die etwa 1–1,5 cm groß werden und fest mit der Unterlage verwachsen sind. Die am weitesten verbreitete Art im Wattenmeer ist die Gemeine Seepocke. Die Larven wachsen mit ihrem Vorderkopf an einem festen Gegenstand an und entwickeln sich zur winzigen Seepocke. Es werden nach außen Kalkplatten ausgestoßen, die bald den ganzen Körper umgeben, welche später ein kegelförmiges Gehäuse bil-

Bei Flut filtern die Seepocken mit ihren Beinen das Plankton aus dem Wasser.

den. Die dünne Innenwand des Kalkmantels dient außerdem als Atemorgan, so kommt der Krebs ganz ohne Kiemen aus. Der sogenannte Deckel ermöglicht es den Seepocken für viele Stunden ohne Wasser zu sein, ohne auszutrocknen. Sie haben es nicht nötig, jeder Mahlzeit hinterherzujagen. Die Mahlzeit kommt zu ihnen, mit jeder Flut: denn Seepocken filtern mit ihren Beinen, die mit feinen Borsten besetzt sind, Plankton aus dem Wasser. Die Seepocken besiedeln nicht nur Uferbefestigungen und Buhnen, sondern leider auch Schiffsrümpfe, was erhebliche Reinigungskosten erfordert.

Die **QUALLEN** gehören zu einer intakten Meeresumwelt, auch wenn sie nicht immer beliebt sind. Die Tiere die bei ablaufendem Wasser liegen bleiben, trocknen aus und sterben, weil sie zu 98 % aus Wasser bestehen. Im Meer bewegen sie sich durch das rhythmische Zusammenziehen der Scheibenränder, verdrängen dabei das

Bei der Landgewinnung werden Buhnen gebaut. Es sind kniehohe faschinierte Doppelpflockreihen, die für eine Strömungsminderung sorgen sollen.

Die Ohrenqualle hat einen glasartig durchsichtigen, oft bläulich getönten Schirm mit vier hufeisenförmigen Zeichnungen und kurzen Randtentakel.

Kompaßquallen haben eine ausgeprägte Zeichnung. Mit den Nesselfäden fangen sie kleine Planktonorganismen aus dem Wasser.

Der Gemeine Seestern hat in der Regel fünf ziemlich dicke Arme.

Wasser und werden durch diesen Rückstoß fortgetrieben. Die Qualle ist ein Gebilde aus zwei Zellschichten, einer inneren und einer äußeren. Dazwischen liegt ein mehr oder weniger massiges Zellgewebe als Stützschicht, über welches sich die Qualle mit Sauerstoff versorgt. Der Magenstiel befindet sich an der Unterseite der Glocke und am Ende sitzt eine Mundöffnung. Die meisten Quallen haben Fangarme (Tentakel), die sie zum Tasten und Fangen gebrauchen. Bei einigen Arten sind die Tentakel sehr kurz und andere haben sehr lange Fangarme, die sich blitzschnell um die Beute wickeln. Hauptsächlich ernähren sich die Quallen von Plankton, große Quallen aber fangen auch kleine Fische oder Krebse. Ihre Beute befördern sie mit den Tentakeln zum Mund und verschlingen sie.

Natürliche Feinde haben die Quallen nicht, es wagen sich nur Meeresschnecken an die Wabbeltiere.

Im Küstenbereich lebt der **GEMEINE SEESTERN**. An Steinen, Buhnen oder an anderen festen Gegenständen hält sich diese verbreitetste Seesternart mit den Saugfüßchen fest. Die weißlichen Füßchen werden auch zur Fortbewegung eingesetzt. Auf der Oberseite in einer glatten Stelle sitzt der Magen, die auch als Wasserfilter des Seesterns fungiert. Er hat meist fünf ziemlich dicke Arme, die abgerundet und zur Spitze hin verjüngt sind. Gewöhnlich ist er gelblich-braun und frisst Schnecken und Muscheln. Vor allem Miesmuscheln stehen ganz oben auf seiner Speisekarte. Bei der Nahrungsaufnahme sind die Saugfüßchen wichtig. So macht der Stachelhäuter einen hohen „Katzenbuckel" über einer Miesmuschel, wodurch diese weniger Sauerstoff bekommt. Die Muschel wird müde und der Seestern zieht mit den Saugfüßchen die Schale auseinander. Dann stülpt er seinen Magen in den entstandenen Spalt, umhüllt den wehrlosen Weichkörper der Muschel, zersetzt ihn und nimmt die entstehende Nährbrühe auf. So verdaut er das Muschelfleisch außerhalb seines eigenen Körpers.

In den verzweigten Prielen des Wattenmeeres kann der Wattwanderer auch einen **SCHLANGENSTERN** sehen. Die seltenen Gäste sind die nächsten Verwandten der Seesterne. Die Tiere mit den 5 dünnen Armen verbringen den Tag vergraben im Schlick als Schutz vor Fressfeinden. Erst nachts kommen sie aus ihren Verstecken

Schlangensterne sind tagsüber im Wattboden vergraben, vermutlich als Schutz vor Fressfeinden. Nachts kriechen sie langsam auf dem Meeresgrund umher.

Die Stacheln vom Eßbaren Seeigel dienen zur Abwehr von Fressfeinden.

und kriechen auf der Suche nach Nahrung auf dem Meeresboden umher. Fische, die ihre Nahrung auf dem Boden suchen, machen auch vor dem Schlangenstern nicht Halt. Bei Gefahr kann es vorkommen, dass die Tiere einen Arm abwerfen, der in der Regel wieder nachwächst. Bei Ebbe findet man den Schlangenstern nur nach Stürmen auf dem Wattboden.

Der kugelförmige **SEEIGEL** ist auf der Unterseite leicht abgeflacht und hat meist rötliche, kurze Stacheln, die seinen gesamten Körper überziehen. Teilweise kann der Seeigel seine Stacheln sogar bewegen. Er lebt auf festen Grund und kann sowohl im Flachwasser als auch in großen Tiefen gefunden werden. Der Seeigel kann bis zu 12 cm groß werden. Kleine sehr bewegliche Saugfüßchen sitzen zwischen den Stacheln und unterstützen den Seeigel bei der Bewegung. Bei Gefahr saugt sich der Stachelhäuter am festen Untergrund fest und ist dann in Verbindung mit seinen spitzen Stacheln eine schwere Beute.

Die Wattwanderer sollten Seeigeln auf dem Meeresboden aus dem Weg gehen. Tritt man auf einen Stachel, bricht dieser unter Umständen ab und bleibt im Fuß stecken, was zu schmerzhaften eitrigen Entzündungen führen kann. Zudem sind die Stacheln einiger Arten schwierig zu entfernen.

Beim Wattwandern hat man sehr selten die Chance einen Fisch zu sehen. Es kann allerdings vorkommen, dass der Wanderer beim Durchqueren eines flachen Prieles auf eine sich eingegrabene **SCHOLLEN** tritt. Die Schollen halten sich als Jungfisch in ihrer „Kinderstube" (Wattenmeer) auf. Wenn sie im Frühjahr eine Größe von etwa 12–19 mm erreichen, werden sie von den Laichplätzen an der britischen Ostküste mehrere hundert Kilometer weiter ins Wattenmeer verdriftet. Im Watt angekommen gehen mehrere Milliarden Babyschollen zum Leben auf dem Grund über, denn hier können sie sich leicht vergraben.

Die Schollen beginnen ihr Leben als normale, aufrecht schwimmende Fische. Erst allmählich wandert das linke Auge über den Kopf zur rechten Seite. Ist dieser Prozess abgeschlossen, nennt man die erwachsenen Schollen rechtsäugig, das heißt beide Augen liegen auf ihrer rechten Körperseite. Dadurch können sie platt und perfekt getarnt auf dem Meeresboden liegen und trotzdem beide Augen gebrauchen. Auch die Farbe des Fisches verändert sich, so wird die rechte Seite dunkel und der Bauch bleibt weiß bis bläulich-weiß (Blindseite). Auf dem glatten Körper und auf den Flossensäumen sind verstreute orange-gelbe Punkte vorhanden, deshalb wird der Plattfisch auch „Goldbutt" genannt.

Die Jungfische meiden das tiefe Wasser zunächst, denn im flachen Wasser des Wattenmeers finden sie ein großes Nahrungsangebot. Ältere Tiere ziehen im Alter von zwei oder drei Jahren in die offene Nordsee hinaus. Zur Hochwasserzeit kommen sie jedoch zum Fressen ins Wattenmeer zurück. Die Schollen können ihr Maul ruckartig vorstülpen und damit die Beute packen. Hauptnahrung der Schollen sind Garnelen, dünnschalige Muscheln, kleine Krebse, sowie ihr Lieblingsfutter: die Schwanzenden der Wattwürmer.

Die Schollen liegen platt und perfekt getarnt auf dem Meeresboden.

Wattenmeer - das Vogelparadies der Nordseeküste

Im Watt halten sich Millionen von Vögeln auf. Einige verweilen nur für kurze Zeit. Alle nutzen das Watt als Speisekammer, sie finden hier genug Nahrung.

Kaum eine andere Vogelgruppe ist so unmittelbar mit unserem Bild von Meer und Küste verbunden wie die Möwen. Eine davon ist die räuberische **SILBERMÖWE**, fast jeder wird sie kennen. Die Möwe mit dem roten Fleck am kräftigen, gelben Unterschnabel und den fleischfarbenden Beinen kann eine Flügelspanne von ca. 140 cm und eine Körpergröße von 56 cm erreichen, sie gehören zu den Großmöwen. Die größten sind die Mantelmöwen. Das Jugendkleid von jungen Silbermöwen zeichnet sich durch ein braunes, hell geschecktes Gefieder aus. Erst im Alter von drei Jahren bekommen sie das silber-weiße Federkleid.
Die Silbermöwe ist ein Teilzieher und brütet von April bis Juli in großen Kolonien, von teilweise mehreren hundert Brutpaaren. Ihre Nahrung suchen die Allesfresser im

Die Silbermöwe gehört zu den Großmöwen.

Sommer bevorzugt im Wattenmeer, wo sie Krebse, Muscheln, Fische und Weichtiere erbeuten. Sie sammeln ihre Nahrung auch schwimmend von der Wasseroberfläche.

Die eleganten Segelflieger folgen den Ausflugsschiffen und Krabbenkuttern und lauern auf den Beifang, der im Wasser landet. Hier fressen sie fast alles.

Aber auch an Land sind sie bei der Nahrungssuche nicht wählerisch und stiebitzen in atemberaubenden Manövern auch mal ein Fischbrötchen oder Eis aus den Händen der Strandbesucher.

Ein Speiballen einer Möwe mit Resten von Strandkrabben.

Die **STURMMÖWE** ist die kleinere „Schwester" der Silbermöwe. Der schlanke Schnabel ist gelb-grün und zeigt keinen roten Fleck. Die Beine sind zart grünlich-gelb und sie hat schwarzen Augen mit einer roten Umrandung. Zum Nahrungsspektrum im Watt gehören Seeringelwürmer, Strandkrabben und etliche andere Wattleckerbissen. Die unverdaulichen Nahrungsbestandteile werden von den Möwen als Gewölle oder Speiballen ausgeworfen.

Die Rücken- und Flügeldecken der Sturmmöwe sind hellgrau. Flügelspitzen sind schwarz-weiß.

Auch die kleine **LACHMÖWE** brütet in großen Kolonien in den Salzwiesen am Watt. Der häufigste Brutvogel im Wattenmeer benötigt neben ungestörten Bruträumen den Nahrungsreichtum, um seine Jungen großziehen zu können. Am häufigsten hört man den krächzenden, schneidenden Ruf „krriärr" oder „kräääh" in verschiedenen

Seevögel trampeln mit den Füßen auf Schlickflächen, so wird der Grund aufgewirbelt und Lebewesen wie Würmer, Krebstiere oder Muscheln werden zu Tage gebracht.

Variationen. Aneinandergereiht kann es an spöttisches Gelächter erinnern. Man kann die etwa taubengroße Möwe am Kopf sehr gut an ihrer schokoladen- bis schwarzbraunen Kopfmaske und dem weißen Augenring erkennen. Nach der Brutzeit reduziert sich der dunkle Anteil am Kopf auf einen schwarzen Fleck über den Augen und/oder auf den Ohrdecken. Die Beine und der Schnabel sind dunkelrot. Der Speiseplan der Vögel ist sehr vielseitig, er besteht aus Insekten, sehr kleinen Fischen, Würmern, Krebstieren, winzigen Wirbeltieren und Aas. Getreide- und Pflanzensamen werden ebenfalls verzehrt. Den größten Anteil

Lachmöwe mit ihrem Nachwuchs.

stellen in der Brutzeit meist Insekten dar. Leider ist die Lachmöwe auch als Eierdieb in Seeschwalbenkolonien bekannt.

Der kurzschnabelige **SANDERLING** sucht flink nach Würmern oder zierlichen Krebsen und hält sich dafür meist dicht an der Brandungslinie auf, der etwa 20 cm große Vogel hat im Sommer oberseits ein hellrostrotes und teilweise schwarzes Gefieder. Er folgt auf hohen dunkelgrauen Füßen den Wellen und weicht dann schnell von ihnen zurück.

Der Sanderling bei der Futtersuche.

Einer der wohl auffälligsten Küstenvögel ist der etwa 40 cm große **AUSTERNFISCHER**. Auch wenn man ihn nicht sieht, hört man seinen laut hörbaren „klip"-Ruf. Der heimische Watvogel hat rote Beine und einen langen roten Schnabel. Wegen seiner Färbung wird er auch oft „Halligstorch" genannt. Der Kopf, Hals und die Rückenseite sind schwarz, die Bauchseite des Vogels ist weiß. Er ist ein echter Strandvogel und ernährt sich überwiegend von Muscheln, Schnecken, Ringelwürmern und Krebsen. Harte Schalen werden mit dem Schnabel aufgehämmert. Der Austernfischer läuft schreitend oder trippelnd ins Watt hinaus, fliegt gut und brütet in mit Muscheln und Steinen verzierten Mulden.

Die **ALPENSTRANDLÄUFER** suchen ab März in großen Scharen bei Niedrigwasser im Watt nach Nahrung. Mit dem kurzen sensiblen Schnabel können sie nur blind die in den oberen Schlammschichten vorhandene Kleintiere schnell stochernd erbeuten. Sie gehören zu den häufigsten Zugvögeln im

Die Alpenstrandläufer finden eine üppige Mahlzeit im Watt.

Wattenmeer. Millionen von ihnen machen jedes Jahr auf ihrer Reise in den Süden eine lange Rast im Wattenmeer. Deshalb sieht man große Schwärme über dem Wattboden, wenn die Tiere zu ihren Nahrungsplätzen fliegen. Sein irreführender Name geht vermutlich auf sein Brutgebiet in den alpinen Regionen Skandinaviens zurück.

Im Wattenmeer ist der KNUTT ein geselliger Gastvogel aus Nordsibirien, es kommen oft bis zu 200.000 Vögel an die Küste. Der gedrungene Langstreckenzieher ist etwa 25 cm groß und hat einen kleinen Schnabel. Die Oberseite des Vogels ist schwarz mit rötlichen Federsäumen. Wenn die riesigen Schwärme übers Watt fliegen, kann man die weißen Flügelbinden und den hellen Bürzel erkennen. An der Nordseeküste füllt der Watvogel im nährstoffreichen Wattenmeer seine Fettvorräte für den Flug in das Brutgebiet ganz im Süden auf.

Der kleine Knutt.

Während der Brutzeit der tagaktiven SEESCHWALBEN kann der Wattwanderer an den wasserführenden Prielen die silbergrauen Vögel bei der Futtersuche sehen. Die Fluss-

Eine Flussseeschwalbe bringt einen kleinen Fisch zum Nest.

seeschwalben und die Küstenseeschwalben erbeuten ihre Nahrung durch Stoßtauchen. Sie stürzen sich im steilen Winkel ins Wasser, um ihre Beute zu greifen und sie im Ganzen zu verschlingen oder als Futter an das Nest zu bringen. Auch kleine Krebse und Insekten gehören zur Nahrung. Es ist schwer die beiden ähnlichen Arten auseinander zuhalten. Man muss schon genau hinsehen. Die Flussseeschwalbe hat einen roten Schnabel mit einer schwarzen Spitze. Auch die Küstenseeschwalbe hat einen schwarzen Kopf und Nacken und einen gegabelten Schwanz. Jedoch sind der korallenrote Schnabel und die roten Beine etwas kleiner. Die Bodenbrüter nisten in oft großen Kolonien. Es gibt Plätze, auf denen beide Arten zusammen brüten.
Im Winterhalbjahr verlassen die amselgroßen Seeschwalben das Wattenmeer. Die Langstreckenflieger ziehen in den Süden. Die Küstenseeschwalben verlassen schon etwa im Juli die Nordseeküste, sie nutzen den Rückenwind auf dem etwa 90.000 km weiten Flug zu den Nahrungsplätzen im Süden. Die eleganten Flieger überwintern in der Nähe des Polarmeeres und auf dieser langen Flugroute in den Süden haben sie meistens Tageslicht, weil sie immer der Sonne hinterher fliegen. Die Flussseeschwalben verlassen das Wattenmeer nach der Brutzeit erst im August.

Die etwas plumpen Vögel, die nur in geringer Höhe in einer langen Reihe über dem Watt fliegen, sind **EIDERENTEN** auf dem Flug zum Futterplatz. Das Fliegen ist

Eiderenten im Flug zum „Schlemmerbuffet" im Watt.

sieht bei den Enten nicht so elegant aus, dafür können sie gut schwimmen und tauchen. Überwiegend fressen die Eiderenten Muscheln, die sie im Wattboden erbeuten. Die Muscheln werden als Ganzes verschlungen, erst im Kaumagen wird die Beute geknackt und die harten Schalentrümmer werden ausgespuckt. Das Männchen wird etwa 60 cm groß und hat ein buntes Gefieder. Der Oberkopf, Hals und Rücken sind weiß, der Nacken ist meergrün, die Vorderbrust ist rötlich und die Schwingen sind bräunlich-schwarz. Das kleinere Weibchen ist oberseits rostfarben.

Weißwangengänse fressen das frische Gras.

Die **WEISSWANGENGANS** wird auch Nonnengans genannt Die mittelgroße Gans ist oberseits blauschwarz und der Bauch wirkt weiß. Sie brütet in den Senken der Salzwiesen und im Vorland. Obwohl sie sehr gesellig wirkt, vermischt sie sich nicht mit anderen Gänsen. Nach der Brutzeit hält sie sich ausschließlich auf den Wiesen und bei Niedrigwasser im Watt auf. Bei auflaufenden Wasser sieht man riesige Schwärme mit lauten Rufen ins Land fliegen.

Die **BRANDGANS** bleibt das ganze Jahr im Watt. Sie wird oft wegen ihres bunten Gefieders und eher gedrungenen Körpers mit einer Ente verwechselt. Die Geschlechter sind jedoch wie für Gänse typische gleich gefärbt. Das etwa 60 cm große Männchen hat einen roten Höcker an der Schnabelwurzel.

Sie brüten in natürlichen Höhlen in den Salzwiesen und gehören zu den Strichvögeln. So bezeichnet man Vögel, die im Winter nicht etwa in den Süden ziehen, aber ihre Brutstätten für geschütztere Lagen verlassen. So findet man die Brandgans außerhalb der Brutzeit in großen Scharen im Vorland. Anfang des Herbstes versammeln sich die meisten Altvögel der Nordseepopulation auf dem Großen Knechtsand, einem

Brandgans-Paar im Flug über dem Wattenmeer.

Ringelgänse fressen im Frühjahr das frische Gras auf den Salzwiesen ab.

Sandbankgebiet zwischen Elbe- und Wesermündung. Hier verlieren die Vögel bei der Mauser alle Schwungfedern und sind dann für einige Wochen flugunfähig.

Die **RINGELGANS** ist etwa 60 cm groß und vom Schnabel bis zur Brust mattschwarz gefärbt mit einem weißem Halsring. Die Vögel kommen im Frühjahr zu Tausenden auf die Halligen, Inseln und umliegenden Wattflächen. Hier fressen sie in kurzer Zeit Gräser und Kräuter auf den salzigen Wiesen und bei Niedrigwasser auch das Seegras und Algen im Watt. So tanken sie die benötigte Energie für die lange Reise in das Brutgebiet an der Eismeerküste.
Zu Ehren der Gänse gibt es „Ringelganstage" auf der Hallig Hooge. Auch werden im hamburgischen Wattenmeer Veranstaltungen zum Thema „Wildgänse" angeboten.

Der **SÄBELSCHNÄPLER** hat einen langen, dünnen, aufwärts gebogenen, schwarzen Schnabel und hohe blau-grüne Beine. Der Vogel mit dem schwarz-weißen

Säbelschnäpler bei der Futtersuche.

Gefieder läuft auf den langen Beinen weit aufs Watt hinaus, hält den Leib waagerecht, zieht den dünnen Hals ein, nickt viel und ruft dabei „Klieb" oder „Klu-it". Das flache Wasser der Pfützen im Watt durchsiebt er mit dem Schnabel nach kleinen Krebsen, Würmern und Insektenlarven. Er brütet nahe der Küste und in kleinen Vertiefungen, die mit Halmen ausgelegt sind. Die Jungen können sofort nach dem Schlüpfen laufen, schwimmen und so Nahrung suchen. Seine Feinde lockt der Vogel mit vorgetäuschter Verletzung vom Nachwuchs weg.

Der imposante **LÖFFLER** ist ein Gast im gesamten deutschen Wattenmeer. Er kommt noch nicht lange in diese Region. Er ist durch sein Aussehen und seine Größe eine unverwechselbare Erscheinung. Der Vogel hat lange Beine, ein weißes Gefieder und einen an der Schnabelspitze löffelartig breiten Schnabel. Dem unverkennbaren Schnabel verdankt er auch seinen Namen. Aufgrund seines Nahrungsverhaltens trifft man den Löffler vor allem in Flachwasserbereichen an der Wattenmeerküste. Mit seinem breiten Schnabel durchsiebt er das flache Wasser nach kleinen Meerestieren. Die kalte Jahreszeit verbringt er im Süden.

Die Löffler sind unverwechselbar, wenn sie am Rande eines Priels rasten.

Säugetiere - vor der Nordseeküste

Zu den Säugetieren im Wattenmeer gehören Seehunde, Kegelrobben und Schweinswale. Die Seehunde und Kegelrobben nutzen die Flächen der Außensände für die Ruhephasen. Die Schweinswale sind die einzige bei uns heimische Walart. Sie tummeln sich nur im tieferen Wasser. Darum wird der Wattwanderer die Tiere nie bei einer Tour auf dem trockengefallenen Meeresgrund sehen.

Die torpedoförmigen SEEHUNDE erreichen eine Gesamtlänge von etwa 150 cm. Das Fell ist dicht anliegend, hell- bis gelbgrau, mit schwärzlichen Flecken. Die großen Augen sind dunkelbraun. Beim tauchen nach Futter werden die Ohr- und Nasenlöcher verschlossen. Für die Seehunde bietet das Wattenmeer neben dem Reichtum an Nahrung. Die trockengefallenden Sandbänke, auf denen sich die Seehunde während der Niedrigwasserzeit in Rudeln ausruhen können. Außerdem werfen die Weibchen dort ihre Jungen, da eine Geburt im Wasser nicht möglich ist.

Alle Seehunde liegen mit dem Kopf zum Wasser auf einer vorgelagerten Sandbank, allzeit bereit den Außensand durch Flucht zu verlassen.

Die **KEGELROBBEN** sind in Deutschland die größten Wasserraubtiere. Seit sie nicht mehr gejagt werden gibt es vor den Küsten von Amrum und Sylt und zwischen Borkum und Baltrum einige große Robbenkolonien. Die bis zu 300 kg schweren Tiere sind an Land schwerfällig. Dafür zeigen sie unter Wasser ihr Geschick beim Jagen der Beute. Bis zu 20 Minuten können sie unter Wasser bleiben. Neben den kleineren Seehunden sind die Kegelrobben die zweite vorkommende Robbenart an der Nordseeküste.

Mit viel Glück kann man **SCHWEINSWALE** vom Ufer aus sehen, vor allem vor Sylt und Wilhelmshaven. Meistens sieht man, wenn das Nordseewasser nur wenig bewegt ist, nur die Rückenfluke.
Schweinswale sind im Vergleich mit anderen Wal- und Delfinarten eher klein. Sie haben einen runden Kopf mit flacher Stirn und keinen hervorstehenden Schnabel. Die Lippen der Tiere sind schwarz, ebenso wie das Kinn. Der kräftige Körper hat eine dunkle Rückenfärbung und einen weißlich bis hellgrau gefärbten Bauch. Junge Schweinswale sind matter gefärbt als ausgewachsene Tiere. Die kleine Rückenflosse ist dreieckig mit einer stumpfen Spitze und sitzt knapp hinter der Körpermitte. Die Brustflossen sind klein, dunkel und ein wenig gerundet.

Pflanzen -
im seichten Küstenwasser

Im Wattenmeer steht den Pflanzen das volle Tageslicht zur Verfügung. Trotz der guten Lichtversorgung ist die Pflanzenbedeckung auf begrenzte Bereiche beschränkt. Nur da, wo die Wasserbewegung nicht allzu stark ist, also im höheren Watt und in Deichnähe, können folgende Pflanzen gefunden werden.

Auf der Wattwanderung sieht man oftmals eine ausdauernd lebende Pflanze: es ist das grüne **SEEGRAS**. Die grasartigen Blätter werden sehr lang und 0,3–0,9 cm breit. Diese Stellen in der Dauerflutzone gehören zu den wertvollsten Plätzen, denn die langen Pflanzen bremsen die Wellen aus. Der glatte Wurzelstock kriecht auf dem Meeresboden im Schlick bis zu 1,5 m und das dichte Wurzelwerk verankert den Wattboden. Im strömungsgeschützten Wattenmeer gibt es verschiedene Arten von Seegras, die eine wichtige Rolle im Ökosystem spielen. Sie dienen als Nahrungsgrundlage und Schutzraum für viele Tiere wie Muscheln, Krebse und Fische.
Das Zwergseegras gedeiht besonders im flachen Wasser der Gezeitenzone.

Das Gewöhnliche Seegras bei Ebbe.

Bei Sturm werden große Mengen vom Gemeinen Seegras an das Ufer geworfen, die dann dichte Polster und teilweise Wälle bilden.

An Lahnungen findet man häufig den bis zu einem halben Meter langen **BLASEN-TANG**. Er gehört zu den Braunalgen und bildet unterschiedliche Formen. Er verzweigt sich mehr oder weniger regelmäßig gabelig in bis 2 cm breite, bandförmige Sprossen. Diese besitzen eine Mittelrippe, sind am Rand gewellt und tragen meist

Der Blasentang wird häufig an den Lahnungen angespült.

Der derbe Meersalat liegt oft losgerissen auf dem Meeresboden.

paarweise angeordnete, etwa erbsengroße hohle Schwimmblasen. Sie dienen dem Blasentang bei Flut sich aufzurichten, sodass alle Pflanzenteile Licht erhalten. Bei Ebbe fallen die Pflanzen dicht aufeinander. So wird eine Austrocknung der Pflanze, welche oberflächlich nur mit wenig Schleim besetzt ist, verhindert.

An vereinzelten Steinen oder Muschelschalen findet man **MEERSALAT**. Dabei handelt es sich um eine 15–50 cm mehrzellige Blattalge mit schmalem Stiel. Der derbe Meersalat ist am Rand unregelmäßig und oft eingerissen. Die Randzonen sind häufig farblos durch abgestorbene Zellen. Dieser ansonsten hellgrüne Vegetationskörper besitzt ein Haftorgan, das sich an festen Gegenständen im Watt ansetzen kann. So wird der Meersalat nicht von der ständigen Wasserbewegung

Der Darmtang ist mit dem Meersalat verwandt.

Das Schlickgras kann auch eine lange Trockenzeit gut verkraften.

von seinem Standort weggespült. Einige Pflanzen lösen das Problem auf eine andere Art, sie siedeln sich auf Seepocken an, die ihrerseits auf den dicht unter der Oberfläche lebenden Herzmuscheln festgewachsen sind.

Die Alge benötigt viel Tageslicht und kann dichte Bestände bilden. Losgerissene Pflanzen können weiterwachsen und treiben häufig in der Nordsee, bis sie schließlich am Spülsaum angeschwemmt werden.

Vom Meersalat unterscheidet sich der **DARMTANG** durch die wenigstens stellenweise hohle Struktur des Vegetationskörpers. Der Wanderer findet im Sommer den abgerissenen und angeschwemmten Tang häufig in der oberen Gezeitenzone.

Das **SCHLICKGRAS** findet der Wattwanderer hingegen an der Grenze zwischen Salzwiesen und freien Wattflächen. Es wird auch als Englisches Gras bezeichnet. Das mehrjährige Gras wird oft bis 80 cm hoch und bildet rundliche Gruppen im Schlick aus. Die Blüten haben lange Ähren. Ursprünglich wurde das von der englischen Küste eingeführte hohe Schlickgras im 19. Jahrhundert zur Landgewinnung angepflanzt.

Jedoch blieben die erwarteten Erfolge aus. Obwohl der salzhaltige Wattboden und der Wellengang das steifblättrige Schlickgras nicht am Wachsen hinderte. Da es die Fließgeschwindigkeit des Wassers in der Uferzone verringert, kann als kleiner Erfolg gewertet werden. Für einige Tiere ist dadurch ein neuer Lebensraum entstanden.

Im wechselweise trockenfallenden und überfluteten Bereich des Watts wächst der auffallende **QUELLER**. Die etwa 20 cm hohe Pflanze ist regelmäßig armleuchterartig verzweigt. Der einjährige Queller bildet mit seinen Beständen als sogenannte

Der Lebensraum des sukkulenten Quellers wird bei Hochwasser für eine bestimmte Zeit überspült.

Pionierpflanze eine wichtige Zone im Watt. Er ist durch seine hohe Salztoleranz für diesen Standort bestens geeignet. Ihr machen die zahlreichen Überflutungen mit dem salzigen Nordseewasser im Jahr nichts aus.

Die Blätter sind zu winzigen Schuppen zurückgebildet und haben die höchsten Salzgehalte. Da der Wurzelbereich der Pflanze ein großes Geflecht bildet, trägt der Pionier zur Verlandung bei und schafft in Verbindung mit Algen die Existenzbedingung für weitere nachfolgende Blütenpflanzen wie Strand-Sode, Strandflieder oder Salzaster. Im Herbst färbt die Salzpflanze das Watt orangegelb bis purpurrot, dann stirbt die Pflanze wegen Übersalzung ab. So muss sie sich jedes Jahr ihren Standort wieder erobern.

Spülsaum am Rande des Watts

Die Ablagerungen an der Wasserlinie werden Spülsäume genannt. Der Saum verändert sich stetig und zeigt den höchsten Wasserstand der letzten Flut. Wenn die hohen Wasserstände einen breiten Spülsaum am Deichfuß hinterlassen haben, entsteht jedesmal ein geschätzter Futterplatz. Das angeschwemmte Gut bildet einen artenreichen Lebensraum für Strandflohkrebse, Insektenlarven und diverse andere Tierarten. Auch Vögel freuen sich über die Nahrung, die sie in dem Treibsel finden.

Nach einem Sturm wird bei Zeiten eine besondere Sorte von Kalkschalen im Spülsaum selten angetrieben. Die weiße ovale Schale ist der Rückenschulp der SEPIA. Im Rücken, des flachgedrückten Tintenfisches, steckt diese stützende Kalkplatte. Sie ermöglicht es den Tieren, ohne Kraftaufwand und schwerelos im Wasser zu schweben. Der bis zu 30 cm lange Gewöhnliche Tintenfisch hat am Kopfende 10 Arme, die innen mit 4 Reihen von Saugnäpfen besetzt sind. Das Tier lebt an den felsigen Küsten Westeuropas. Wenn ein Tintenfisch stirbt, kann der porenreiche Kalk-Schulp

Rückenschulp des Sepia.

Eikapsel eines Rochens.

noch monatelang an der Meeresoberfläche treiben, bis er an der Nordseeküste angeschwemmt wird.

Ab und zu spülen die Stürme merkwürdige Sachen an den Spülsaum, zum Beispiel die ledrigen **EIKAPSELN** des Rochen. Fast alle Rochenarten, die in der Nordsee leben, legen Eier und kleben sie an Wracks, Steinen oder andere feste Gegenstände. Diese Eier sind charakteristisch geformt und selten am Strand der Nordsee zu finden. Die dicken, meist schwarzen, rechteckigen Schachteln, die an jeder Ecke einen Stachel haben, stammen von Nagel- oder Sternrochen. Sie können bis zu 1,2 m lang werden und haben einige glatte Stacheln am Schwanz. Die Eikapseln sind zwischen 6–8 cm lang. Rochen leben meist in Bodennähe und bevorzugen schlammige Untergründe. Ihre Hauptnahrung stellen kleine Bodenfische und andere Tiere, z. B. Krabben, dar. Sie sind in der Nordsee sehr selten geworden.

Immer wieder wird der honiggelbe bis rötliche **BERNSTEIN** an schweren Sturmtagen freigespült und danach mit dunklen Holzstücken und Tang an den Strand geschwemmt. Die bräunlichen Steine, die eigentlich keine Steine sind, kommen

Bernsteinbrocken zwischen Treibsel.

vermutlich aus dem Bereich des heutigen Skandinavien. Aus Nadelbäumen trat vor vielen Millionen Jahren das Harz aus. Von Regenwasser oder Schneeschmelze wurde das hart gewordene Material aus dem Wald ins Meer transportiert und wohl durch einen Urstrom südwärts bis in die Nord- und Ostsee vor unsere Küste getrieben. Die Brocken in unterschiedlichen Farbnuancen sind teilweise durchsichtig. Dieses zu Bernstein gewordene Harz ist ein begehrtes leichtgewichtiges Sammelstück im Treibsel. Seit Menschengedenken üben die Jahrmillionen alten, kleinen Harzbrocken Magie und Faszination aus. Seine Seltenheit allein, macht diesen Fund zu einem besonderen Erlebnis.

Nächste Seite: Nach einem Sturm liegen viele Muschelschalen im Spülsaum. Die meisten sind zerbrochen oder vom Wellengang zerrieben.

Salzwiesen am Saum des Wattenmeers

Die Salzwiesen (regional auch als Heller, Inge oder Groden bezeichnet) sind ein Lebensraum spezialisierter Pflanzen, denen zeitweise „nasse Füße" nichts ausmachen dürfen. Die Wiesen liegen nur knapp über dem Meeresspiegel, deshalb werden sie bei höherem Wasserstand überflutet. Trotzdem ist es ein ökologischer bedeutender Lebensraum für kleine Tierarten. Es ist ein idealer und weitgehend ungestörter Rast- und Brutplatz zahlreicher Vögel. Bei Führungen kann man auf sicheren, erlaubten Wegen die Besonderheiten hautnah erleben.

Die untere Salzwiese, erstreckt sich bis etwa 30 cm oberhalb der Hochwasserlinie und wird vom **ANDELGRAS** beherrscht. Hier ist das Land schon so weit erhöht, dass das mittlere Tidehochwasser eben darunter bleibt. Der Name Andelwiese kommt aus jener Zeit, als die Nutzungsrechte der Landgewinne im Vorland als „Andeel" (=Anteil) vergeben wurden.

Der dichte Andelrasen ist ein überflutungs- und beweidungsfestes Gras und ist ein wertvoller Schlickfänger. Er bildet eine geschlossene Vegetationsdecke und ist eine sehr beliebte Nahrung für Wildgänse und Schafe. Das Gras ist sehr widerstandsfähig gegen die

Das Andelgras fängt in der Salzwiese vor allen anderen Pflanzen an zu wachsen.

Die Strandaster gleicht in der Blüte den Astern im Garten.

Beweidung. Es wächst schnell wieder nach. Weil das Gras schon in den Wurzeln das Salz herausfiltert und das aufgenommene Wasser mit Zucker anreichert, ist es eine Delikatesse für die Tiere.

Die **STRANDASTER** gleicht in der Blüte den Astern im Garten, so wird die Pflanze auch gleich erkannt. Die einzige wildwachsende Aster hüllt im Spätsommer die Salzwiesen in ein blau-violettes Blütenmeer. An den fleischigen, fast kahlen Stängeln des Korbblüters sitzen kleine, dickfleischige Blätter. Sie werden bis zu 12 cm lang und sind länglich-eiförmig und liegen eng an. In den unbeweideten Salzwiesen, meist oberhalb der Flutlinie, wächst die ein- oder zweijährige Aster und erreicht Wuchshöhen von 15 bis 150 cm. Die Aster konnte den Lebensraum an der Küste nur dadurch erobern, weil die dicken Blätter wenig Wasser verlieren und dementprechend auch weniger Salzwasser aufnehmen müssen. Derart gerüstet kann sie so weit ins Watt vordringen.

In der Nähe vom Andelrasen wächst der dichtstehende **STRANDFLIEDER**, der unter Naturschutz steht. Im Herbst ist es die markante Pflanze in der Salzwiese. Auf

Nächste Doppelseite: Immer sehenswert sind die violetten Blütenstände des Strandflieders in den Salzwiesen.

Der duftende Strand-Beifuß.

ledrigen Blättern befinden sich Drüsen, mit denen ein wenig Salz, das mit dem Wasser aus dem Boden aufgenommen wird, wieder ausgeschieden wird. Die speziellen Blüten dieser Salzpflanze bilden eine dichte Doldenrispe, die von häutigen Hüllblättern umgeben ist. Einzelne Ähren bilden einen schirmartigen Blütenstand.

Der weißgrau-filzige **STRAND-BEIFUSS** wächst an den Stellen in den Salzwiesen, wo der Boden nicht immer feucht ist. Hier erfahren alle Pflanzen eine unregelmäßige Salzbestäubung: mal nur durch den Seewind und dann durch salzluftreiche Böen oder auch durch Überflutung mit Nordseewasser während einer Sturmflut Die stark aromatisch duftende Pflanze ist die einzige Strauchart in der Salzwiese. Der etwa 30 cm hohe Strand-Beifuß tritt in mehreren Unterarten in vollsonnigen Salzwiesen der Küsten der Nordsee auf und blüht im Spätsommer gelb bis orangegelb.

Die mehrjährige **STRANDQUECKE** dominiert in dichten Beständen die höher gelegenen Salzwiesen. Die Sprossen stehen nicht allzu eng, so bieten sie dem Wind wenig Widerstand. Die Quecke wächst auf den Salzwiesen, auf denen keine Schafe

Die Strandquecke hat harte, lange und gerollte Blätter.

mehr weiden. Die im Sommer blühende Pflanze lässt ihre Samen vom Wind und Sturmfluten verbreiten.

Die leicht erkennbaren und rosarot blühenden **STRAND-GRASNELKEN** wachsen in der oberen Salzwiese. Die Wuchshöhe der Pflanze wird durch die Umgebung bestimmt. Die Blütezeit geht von Mai bis September. Die Grasnelken gehören zum absalzenden Typ, das heißt: die Pflanze besitzt Drüsen zum Ausscheiden von Salz. Sie verfügt sozusagen über eine eigene Meerwasser-Entsalzungsanlage.

Die Strand-Grasnelken sind leicht zu erkennen.

Eine robusteste Pflanzen ist die Salzmiere.

Die **SALZMIERE** wächst zu einem dichten Rasen heran. Der fingerlange Stängel mit den fleischigen Blättern gehört zur Familie der Nelkengewächse. Im Sommer sitzen winzige, weiße Blüten an den Stängeln, die auffallend in Reihen angeordnet sind.

Vorherrschende Pflanze an den Prielen ist die Portulak-Keilmelde.

Der Dreizack hat grünliche Blüten in ziemlich dichten Trauben.

Silbergrau bedeckt die **PORTULAK-KEILMELDE** die Prielufer. Die ungewöhnliche Farbe kommt von den Blasenhaaren, die als silbrige Schicht die Pflanze bedecken. Im Vorland gedeiht sie üppig, weil der Boden ausreichend mit Sauerstoff versorgt ist. So kann die Pflanze zu einem knietiefen Gestrüpp heranwachsen. Die Sträucher sind immer beblättert und sie haben sich gut an den Salzwiesenboden angepasst.

Der **DREIZACK** gehört zu den Binsengewächsen und hat dickliche, grasartige, am Grund schneidige Blätter. Die 10–60 cm hohe Pflanze ist besonders konkurrenzfähig und kann oft große Bestände bilden. Die Pflanze hat an den kräftigen Stängeln lockere Ähren an denen Früchte stehen. Die Früchte sind schwimmfähig, da sie in der Fruchtwand ein eigenes Luftgewebe ausgebildet haben und zwischen Samen und Fruchtwand ein Hohlraum besteht. Die Blütezeit dauert etwa von Mai bis September.

Wenn das Watt vom Wasser bedeckt ist

An der Küste gibt es Tage, an denen man nicht ins Watt gehen kann. Die Gründe können verschieden sein, vornehmlich bei Flut, aber auch bei aufziehenden Gewitter oder Nebel. Die Naturfreunde können in dieser Zeit das Aquarium Wilhelmshaven, das Nordsee Aquarium Borkum, das Nationalpark-Zentrum Multimar Wattforum Tönning oder die Aquarien und Ausstellungen der Schutzstation Wattenmeer besuchen, um dennoch einen Eindruck von der Tier- und Pflanzenwelt des Wattenmeeres zu bekommen.

In den Flachwasserzonen der Nordsee lebt in Bodennähe als Dauerbewohner die kleine **AALMUTTER**. Der schlängelige Fisch ist farblich sehr unterschiedlich, aber immer tarnend, oft oliv-braun mit einer gelblichen Unterseite und hat große, rundliche Brustflossen, diese nutzt der sehr bewegliche Lauerjäger, um aus seiner

Als Dauerbewohner lebt die Aalmutter im Wattenmeer.

Der schlangenförmige Butterfisch hat keine Flossen.

Deckung vorzuschnellen und die Beute zu schnappen. Die Nahrung besteht aus allem, was er zu greifen bekommt oder in den Sedimenten aufspüren kann. Dabei dürfen auch kleine Pflanzen dabei sein. Das Maul des aalähnlichen Grundfisches ist sehr breit mit dicken Lippen. Man kann den Fisch auf dem Sandgrund an seinen verlängerten Rücken- und Afterflossen, die senkrechte Streifen haben, erkennen.

In der Gezeitenzone zwischen Steinen und Muschelbänken lebt der langgestreckte **BUTTERFISCH**. Er hat am Körper seitlich eine rötliche, bräunliche und gelbliche Marmorierung. Der schlangenförmige Einzelgänger hat kleine Flossen und 9−13 Flecken mit einem hellen Rand entlang des Rückens.
Nur nachts verlässt der Butterfisch seine Höhle, um Kleinkrebse, Borstenwürmer oder Fischlaich zu fressen. Er selbst ist ein Leckerbissen für tauchende Seevögel.

Ein etwas kleinerer Nordseefisch ist die **SCHWARZGRUNDEL**. Hauptsächlich hält sich der etwa 10 cm lange Fisch im Seegras und in den Algen im seichten, küstennahen Gewässern auf. Mit den nach oben gerichteten Augen sucht er Kleinkrebse, oder auch nach kleinen Garnelen, Muscheln und Schnecken. Man erkennt ihn gut an dem schwarzen Fleck an der durchgehenden Rückenflosse. Oft wird die Farbe der männlichen Fische gänzlich schwarz.

Eine Schwarzgrundel in Rotalgen.

Der räuberische Taschenkrebs lebt immer in wasserführenden Prielen.

Der Kleingefleckte Katzenhai hat braune Flecken und ist unten heller.

Den in der Nordsee lebenden **TASCHENKREBS** sieht man bei einer Wanderung vermutlich nicht. Er lebt im Sommer in den immer wasserführenden sandigen Prielen. In der kalten Jahreszeit zieht er sich in noch größere Tiefen zurück. Nur in den Aquarien der Schutzstation Wattenmeer sieht man die Krebse mit der ziegelrot gefärbten Oberseite. Durch die taschenförmigen Einkerbungen am Rückenschild entstand der Name des Tieres. Der räuberische Krebs ernährt sich von anderen schwächeren Krebsen, Muscheln, Seesternen und Fischen.

Gibt es tatsächlich Haie in der Nordsee? Ja, hier lebt auch der schlanke **KLEINGEFLECKTE KATZENHAI**. Er wird nur 60–100 cm lang und ist damit der kleinste Hai in der Nordsee. Seinen Namen hat der wegen seiner vielen kleinen Flecken und den katzenartigen Augen erhalten. Die sandfarbene Haut der keilförmigen Haie besteht aus kleinen, harten Schuppen und die Fische haben nur eine kleine Rückenflosse, die sehr weit hinten sitzt. Der nachtaktive Hai frisst vor allem kleine Weich- und Krebstiere. An seiner Schnauze hat er Sensoren, mit denen er die Beute aufspürt. Die Eikapseln kann man nach Stürmen gelegentlich im Spülsaum finden.